晋江市村镇住宅建设通用图集

GENERAL ATLAS OF RURAL HOUSING CONSTRUCTION IN JINJIANG

李越 柯俊杰 柯远鹏 编著

天津大学出版社
TIANJIN UNIVERSITY PRESS

纪念

晋江撤县立市三十周年

暨「晋江经验」提出二十周年

前 言

FOREWORD

《晋江市村镇住宅建设通用图集》是晋江市城乡规划设计研究院有限责任公司（以下简称“晋江规划院”）自2016年以来积累的，关于乡村人居环境整治项目从实践案例走向理论发展的成果凝结；也是贯彻落实国家“乡村振兴”战略、建设美丽宜居村庄的重要的基础性研究工作的结晶。

作者团队以落实国家、省、市对“农村宅基地及村民住宅”的管理要求为出发点，以服务农村建设、减轻农民负担为宗旨，以建设美丽宜居村庄为导向，充分吸纳、提取闽南地区建筑特色元素，并经过历年增删、改进，最终形成了一套相对完整的村镇住宅指引体系——《晋江市村镇住宅建设通用图集》。

《晋江市村镇住宅建设通用图集》共包括三大类九小类建筑类型，可作为晋江市范围内新建、改建农房风貌管控审批依据。

晋江规划院

JINJIANG PLANNING INSTITUTE

晋江规划院由晋江市人民政府与天津市城市规划设计研究院共同创建，于 2016 年在晋江注册成立，是晋江唯一一家国有规划院。

晋江规划院扎根晋江本土、深耕本地，以“为地方政府提供贴身设计服务，探索并分享城乡规划领域的‘晋江经验’”为企业使命，以“融多方智慧，创闽南强院”为企业愿景，业务范围涵盖城市规划、建筑设计、交通市政规划、环境景观设计、文创设计以及设计咨询、代理等。

伴随着业务的拓展，晋江规划院的设计师队伍逐渐壮大。全院共有员工 32 人，其中 1/4 员工具备中高级技术职称，1/4 员工具备硕士及以上学历，并有部分员工具备国家注册执业资格、海外名校留学背景，逐步形成了一个视野宽广、基础扎实的技术团队。

愿 景

融多方智慧 创闽南强院

使 命

为地方政府提供贴身设计服务
探索并分享城乡规划领域的「晋江经验」

目录

叁·建筑风貌管控指引

肆·建筑风貌管控指引导则

伍·建筑设计参考图集

壹 总则与基本原则

· 技术路线

· 基本原则

· 本图集适用范围

· 目的与依据

· 目的与依据 ·

1. 缘起

《国家新型城镇化规划（2014—2020）》（2014 年）
该规划要求应发展有历史记忆、文化脉络、地域风貌、民族特点的美丽城镇，形成符合实际、各具特色的城镇化发展模式。

《农村人居环境整治三年行动方案》（2018 年中共中央办公厅 国务院办公厅印发）
该方案提出应改善农村人居环境，建设美丽乡村。

《福建省农村人居环境整治技术指南》（2019 年福建省住建厅公布）
该指南针对农村村民住宅整治提出规范要求。

2. 目的

为全面加强农房建设风貌管控，满足质量安全技术指导工作要求，编者提出系统、完善的农村住宅建筑风貌控制框架体系及具体的风貌要素设计指引，为实现相对和谐统一的农村住宅风貌，特出版本图集进行规范引导。

3. 依据

· 本图集依据

《中华人民共和国城乡规划法》
《村庄整治技术标准》（GB/T 50445-2019）
《福建省村庄规划编制技术导则》
《福建省农村人居环境整治技术指南》
《泉州市农村人居环境（美丽乡村）建设导则》
《晋江市农村宅基地与村民住宅建设管理暂行规定》
其他相关法律法规

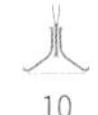

· 本图集参考

《福建省村镇建筑地域特色》
《泉州市农村住宅设计图集 2019 年版》
《传统特色小城镇住宅（泉州地区）》

本图集可结合《泉州市农村住宅设计图集 2019 年版》《晋江市农村宅基地与村民住宅建设管理暂行规定》使用，作为晋江市新建农房风貌管控审批依据。农村住房设计、保护及环境治理，除符合本图集中的规定外，还应符合国家、地方现行建筑设计、市政、消防、安全等有关规范、标准的规定，以及相关村庄规划和土地利用的总体规划。

晋江市各街道、镇相关部门可在本图集基础上，结合当地实际，引导本地区农村住房建筑风貌的设计和建造。

4.《福建省农村人居环境整治技术指南》

农房整治行动总体目标

通过“审批简化、服务到位、监管有效”的农房建管机制，有效遏制违法建设。

新建农房管控

·**重点任务：**引导新建农房立足实际功能需求，逐步形成规范有序的农房建设新风尚。

·**主要措施：**新房建设宜参照通用图集，按批准的选址、面积、层数、色彩、外观进行建设。

·**管控内容：**位置、高度、平面。

·**风貌引导：**各新房建设应契合当地风貌，强化对地域特色的表达，并与村庄整体风貌相协调；同时新建集中片区新农村时应注重地域特色风貌再塑造，建立乡村文化自信感、认同感，促进地方文化景观性格回归。

闽南片区农村住房风貌示例

·结合地域特征的农房整治方式示例

福建省各地区建筑风貌形式丰富且各具特色，大致可分为 4 大类型，并细分为 10 大特征片区。

晋江市为砖红色系建筑风貌：该风貌主要分布区域为闽南（以厦门、泉州为主）片区、莆仙片区，墙体建议采用砖红色系，点缀灰白色系，勒脚建议采用条石、毛石，屋面建议以砖红色系为主。

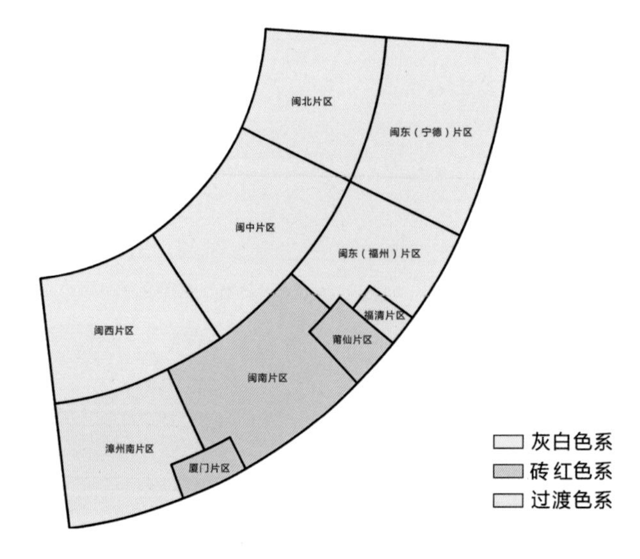

福建省建筑风貌分区示意图

· 本图集适用范围 ·

本图集适用于晋江市行政区域（青阳、梅岭、西园、罗山、新塘、灵源 6 个街道以及陈埭镇、池店镇、西滨镇、紫帽镇、磁灶镇、内坑镇、安海镇、英林镇、东石镇、金井镇、深沪镇、龙湖镇、永和镇 13 个镇）农房的新建、改造。

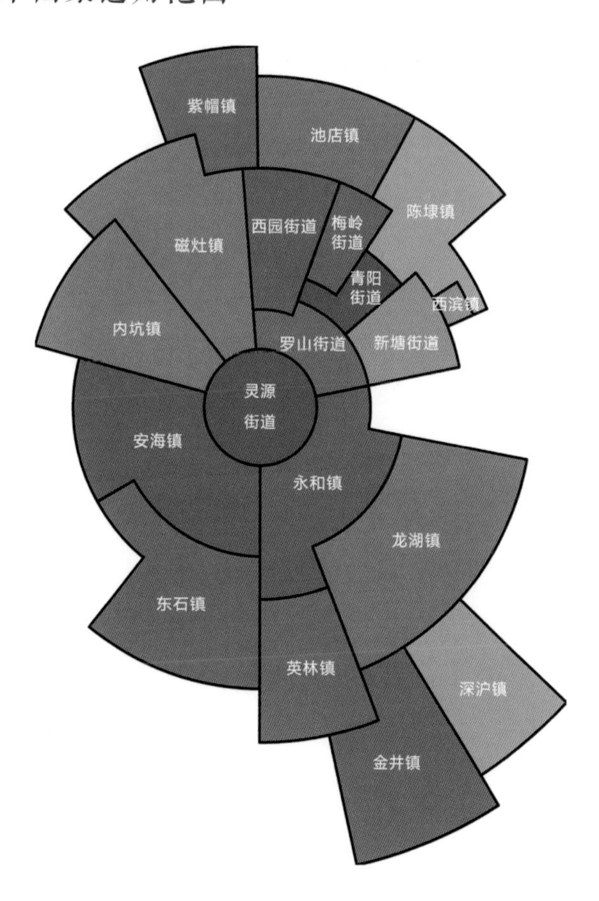

· 基本原则 ·

协调性——形成村庄地域特色明显、整体协调有序的总体风貌

地域性——强化地域色彩与特征的表达，体现地方韵味

实用性——为农房设计提供参考，为管控建筑风貌提供依据

系统性——协助形成系统的管控办法，避免存在管控差异

· 技术路线 ·

现场调研、资料收集

从村庄基础资料收集出发，对晋江的村庄进行现场调研，收集晋江现状农村住宅资料。

梳理分类、提取元素

从建筑风貌的整体形态与构成要素等层面对晋江村庄的传统民居建筑风貌进行分析、归纳和梳理，确定村庄建筑风貌的分类，并提取各风格建筑的主要风貌元素。

提供样式、规范指引

提供各风格建筑的常见风貌建筑元素作为参考样式，对建筑材料及色彩进行适度规定，从而对农房建设起到规范指引的作用。

形成系统的审批办法

提出整体把控、局部协调的重要策略，根据管控内容提出刚性控制与弹性控制相结合的原则，形成系统审批办法，为农村住房的设计、审批、建设提供依据。

形成图集、指导建设

对提取的风貌元素进行抽象设计，形成三种风格的立面图集，以供农村住房设计者参考。

贰/建筑现状解析

· 建筑特色元素提取

· 建筑风貌特征梳理

· 现存课题

· 现存课题 ·

1. 实地踏勘影像记录（2019 年 5 月—2019 年 8 月）

2. 当代建筑概况

通过实地资料采集与数据分析，发现现今农村住宅建筑风格较为杂乱，难以归类。

洋房

其他

3. 当代村落组成

通过对晋江“山、水、林、田、海”等地域特征的分析，选择并分析梧林、塘东、灵水的建筑组成类型。

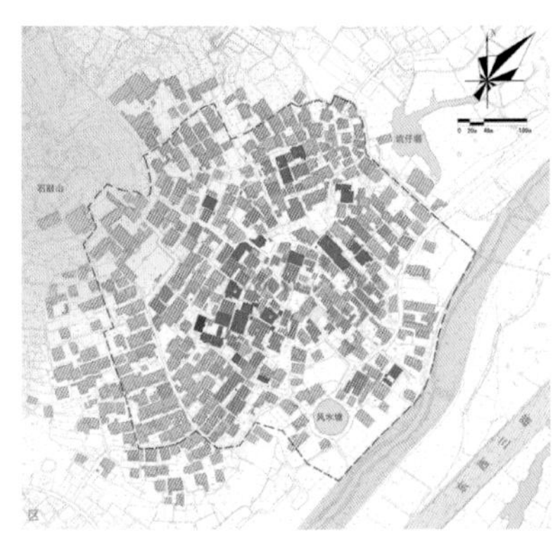

梧林

塘东

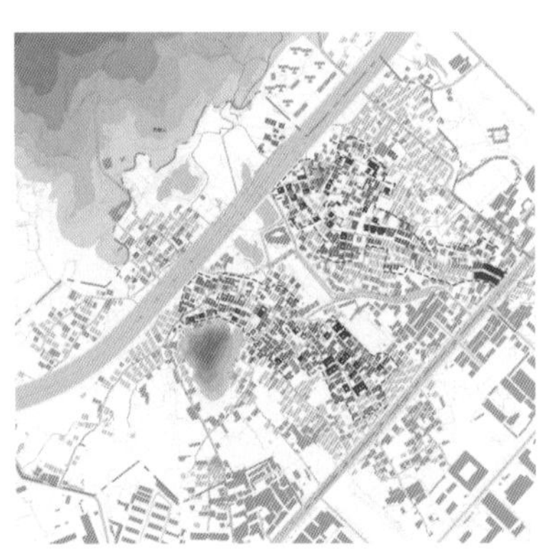

灵水

· 协调的当代建筑：25%
· 传统建筑：15%
· 不协调的当代建筑：60%

· 协调的当代建筑：43%
· 传统建筑：15%
· 不协调的当代建筑：42%

· 协调的当代建筑：42%
· 传统建筑：25%
· 不协调的当代建筑：33%

[一] 城村交织 功能混杂

[二] 村落风貌 共性缺失

[三] 古厝新宅 体量失序

[四] 房前屋侧 空间逼仄

· 建筑风貌特征梳理 ·

建筑风格演变

根据建造年代、社会发展等因素的影响，闽南住宅建筑展现出不同的风格类型。

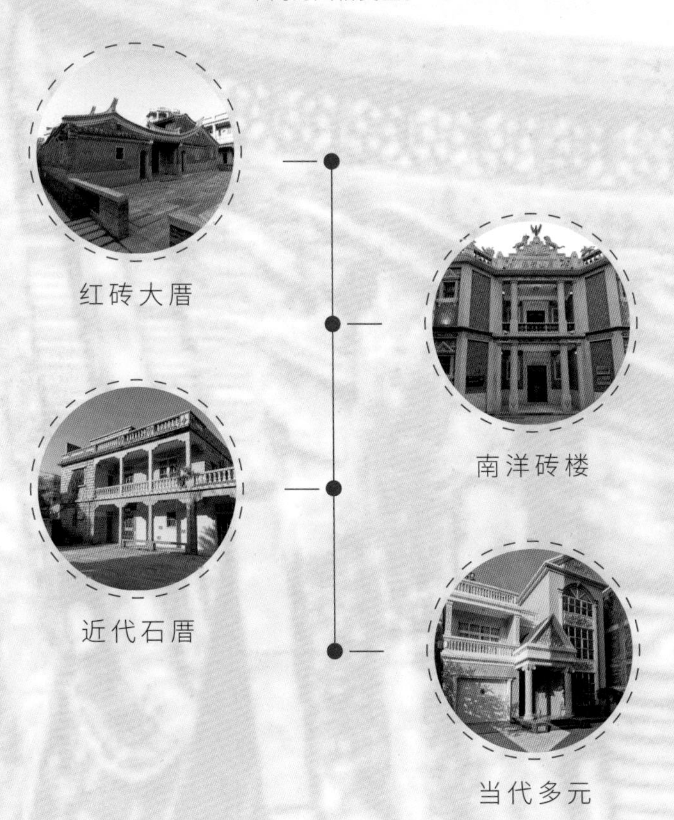

· 建筑特色元素提取 ·

1. 红砖大厝 —— 主要建筑特征要素

屋顶：分为燕尾式屋顶和马背式屋顶，屋面为红瓦。

山墙规垂：山墙规垂分为燕尾式和马背式，燕尾式山墙规垂显得轻盈，马背式山墙规垂显得厚重。

墙体：墙体主要由红砖、白石组成。

门窗：门套或窗套采用白石或青石，入户门大多为实木门。

勒脚：勒脚采用条石、毛石。

色彩：建筑主要色彩由砖红色、米黄色、灰白色组成。

2. 南洋砖楼 —— 主要建筑特征要素

屋顶山花： 山花呈“山”字状，多为灰白色，大多比栏杆高一倍多。

栏杆： 栏杆多为葫芦栏杆，葫芦主要有白色和绿色。

墙体： 墙体主要由红砖、白石组成。

柱廊： 阳台一般采用柱廊形式。

门窗： 门套、窗套使用白石，入户门大多为实木门。

勒脚： 勒脚采用条石、毛石。

色彩： 建筑主要色彩由砖红色、米黄色组成。

3. 当代多元的建筑形态

对称型

前廊型

折廊型

4. 建筑色彩

晋江农村住宅立面主要有红色系、米黄系两大色系。

叁／建筑风貌管控指引

· 引 言 ·

本章将根据不同建筑的风格，从建筑要素的角度出发，对民居建筑从形式、样式、色彩等方面进行指引规范。本章提供了不同风格建筑参考样式，另外提供了建筑材料和色彩应用方面的负面案例，以期达到最好的管控和指引效果。

· 地域风格要素指引 ·

1. 要素总览

（1）屋顶

· 形式：燕尾式和马背式（尽量使用传统样式，也可采用简化样式）
· 材料：烧结陶土瓦、合成树脂瓦（亚光）
· 色彩：红色系

（2）山墙

· 样式：燕尾式和马背式
· 材料：人造砂岩
· 色彩：灰白色系

（3）墙体

· 红砖墙面材料：仿黑纹清水外墙砖、仿红砖软瓷、仿红砖真石漆
色彩：砖红色系
· 石材墙面材料：仿花岗岩瓷砖、花岗岩（荔枝面、火烧面）
色彩：米黄色系、米白色系

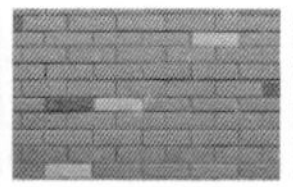

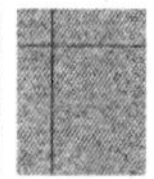

注：材质图均为示意

（4）门窗

·入户门：仿实木门，仿木色系

·窗户：灰黑色或灰白色铝合金窗框、普通玻璃

·门套、窗套：材料为仿石漆、涂料、石材，米白色系

（5）勒脚

·材料：仿花岗岩瓷砖、花岗岩（荔枝面、火烧面）

·色彩：米灰、米黄色系

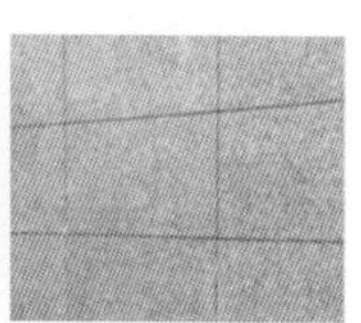

（6）色彩

红砖

石材

2. 参考样式

屋顶

晋江红砖大厝屋顶主要分为燕尾式屋顶与马背式屋顶。

燕尾式屋顶

马背式屋顶

屋顶（现代手法）

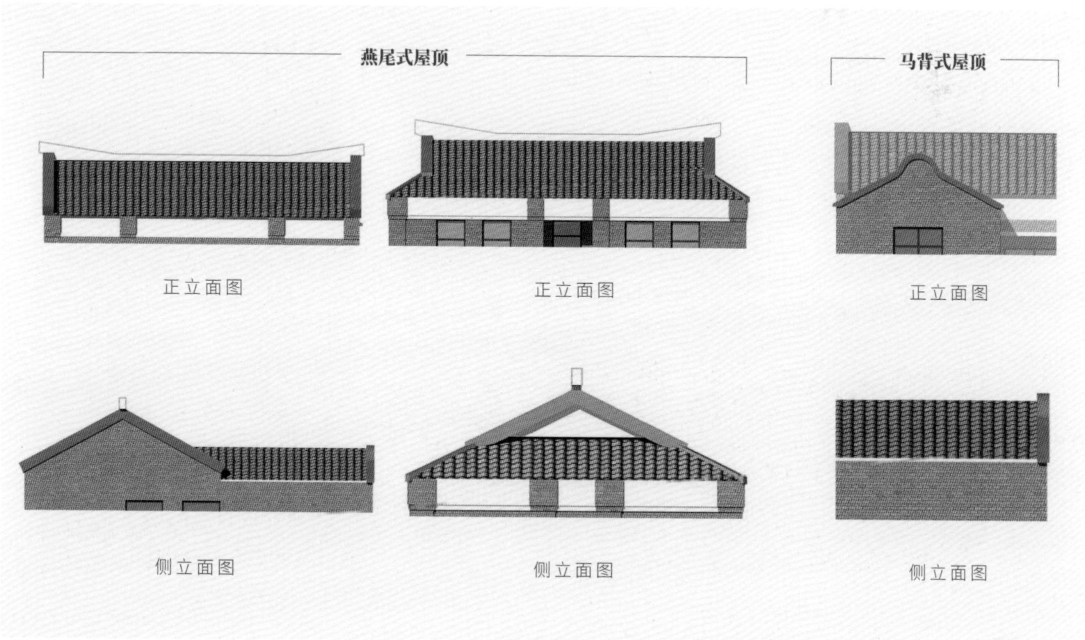

燕尾式屋顶

马背式屋顶

正立面图

正立面图

正立面图

侧立面图

侧立面图

侧立面图

山墙规垂

规垂纹饰样式按不同形式屋顶分为燕尾式山墙规垂纹饰与马背式山墙规垂纹饰。

燕尾式山墙规垂纹饰

马背式山墙规垂纹饰

墙体与勒脚

墙体

门窗

门

· 新闽风格要素指引 ·

1. 要素总览

注：材质图均为示意

(1) 屋顶山花、栏杆、望柱

· 形式：山花 + 栏杆、山花 + 栏杆 + 望柱
· 材料：仿黑纹清水外墙砖、仿红砖软瓷、仿红砖真石漆、
 白色葫芦栏杆
· 色彩：砖红色系

(2) 柱廊

· 砖柱材料：仿黑纹清水外墙砖、仿红砖真石漆
 色彩：砖红色系
· 石柱材料：仿石漆、仿石 EPS 板（苯板）、仿石 PVC 板（聚氯乙烯板）
 色彩：灰白色系

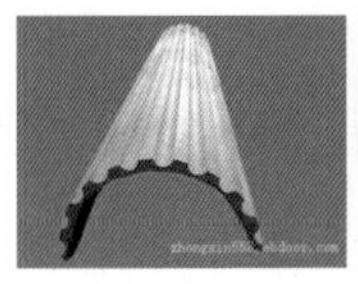

(3) 墙体

· 红砖墙面材料：仿黑纹清水外墙砖、仿红砖软瓷、仿红砖真石漆
 色彩：砖红色系
· 石材墙面材料：仿花岗岩瓷砖、花岗岩（荔枝面、火烧面）
 色彩：米黄色系、米白色系

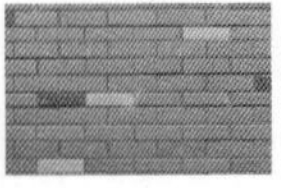

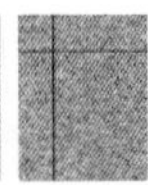

(4) 门窗

·入户门：仿实木门，仿木色系

·窗户：灰黑色或灰白色铝合金窗框、普通玻璃

·门套、窗套：材料为仿石漆、涂料、石材，米白色系

(5) 勒脚

·材料：仿花岗岩瓷砖、花岗岩（荔枝面、火烧面）

·色彩：米灰、米黄色系

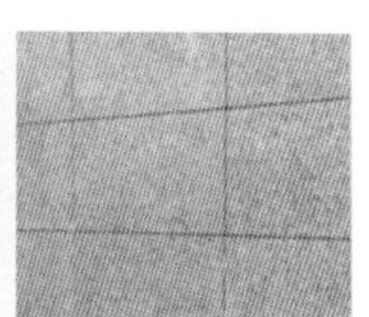

(6) 色彩

红砖

石材

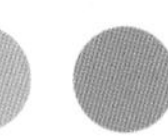

2.参考样式

屋顶山花

栏杆、望柱

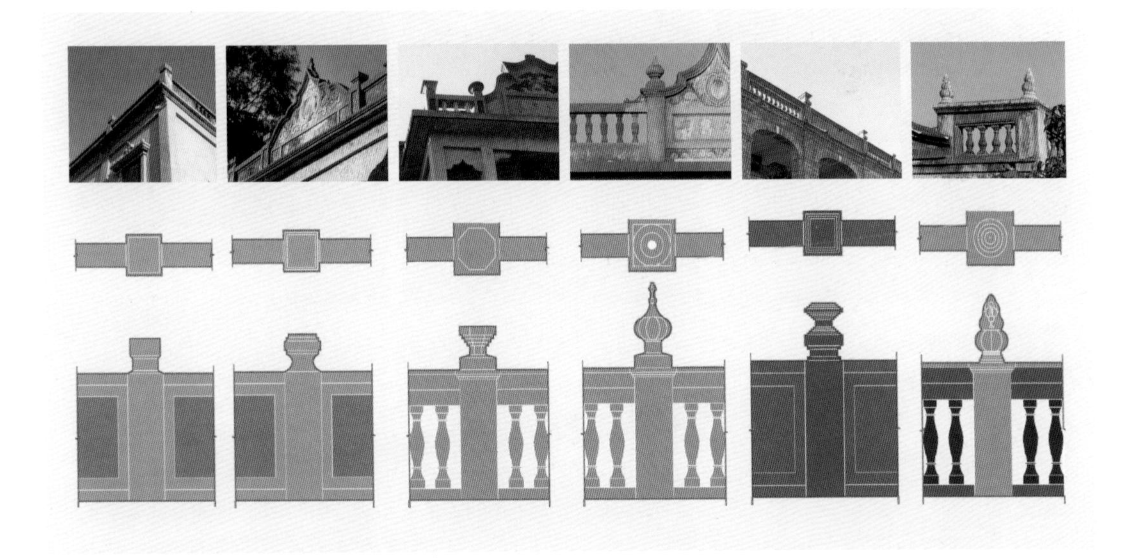

墙体、勒脚

墙体

勒脚

柱廊

门窗

门

窗

·当代风格要素指引·

1. 要素总览

注：材质图均为示意

（1）屋顶

·屋顶形式：四面坡屋顶，坡屋面面积较大时宜设置老虎窗
坡面材料：烧结陶土瓦、合成树脂瓦（亚光）
色彩：红色系

·老虎窗墙面材料：涂料、仿石漆
色彩：白色系

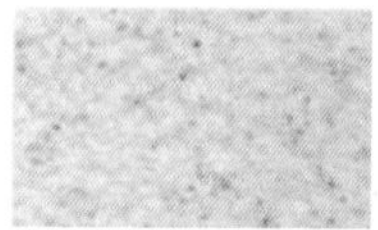

（2）墙体

·白墙材料：涂料、仿石漆
色彩：白色、米白色系

·材料：仿花岗岩瓷砖、花岗岩（荔枝面、火烧面）、仿石漆
色彩：米黄色系、米白色系

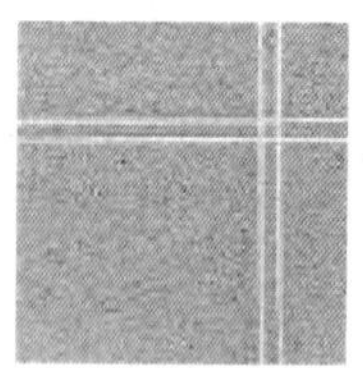
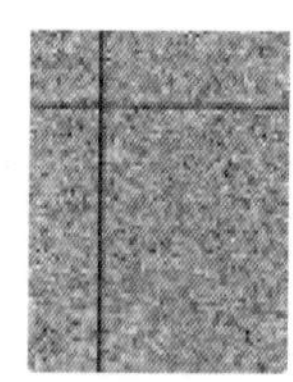

（3）门窗

·入户门：仿实木门，仿木色系

·窗户：灰黑色或灰白色铝合金窗框、普通玻璃

·门套窗套：材料为仿石漆、涂料、石材，米白色系

（4）勒脚

·材料：仿花岗岩瓷砖、花岗岩（荔枝面、火烧面）

·色彩：米灰、米白色系

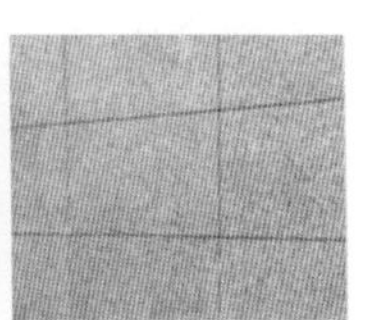

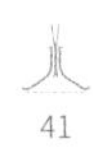

（5）色彩

屋面

墙面

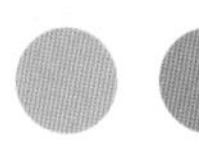

2. 参考样式

屋顶

墙身、勒脚

建筑墙身

建筑勒脚

门窗

门

窗

窗套大样图

· 建筑风貌选材及色彩负面案例 ·

建筑部位	禁用材料		禁用色系
屋面	釉面材质的琉璃瓦、亮面材质的彩钢瓦（板）	 釉面琉璃瓦  亮面彩钢瓦	禁止使用紫色、黄色、蓝色、绿色或过于鲜艳的红色等与传统风貌建筑屋面相冲突的色系
墙身	光面材质外墙砖、大面积颜色鲜艳的涂料、裸露墙砖、水泥砂浆抹面、彩钢板	 光面材质外墙砖  裸露的砖墙 水泥砂浆抹面  大面积涂刷鲜艳颜色  彩钢板	禁止使用粉色、绿色、蓝色或过于鲜艳的黄色等与传统风貌建筑墙面相冲突的色系
门	铁皮门、铁艺门、铝合金门、金属门（反光）、颜色鲜艳的卷帘门	铁皮门  铁艺门 铝合金门  金属门（反光）  颜色鲜艳的卷帘门	禁止使用亮面或反光金属色、蓝色、绿色、红色、黄色等色系

建筑部位		禁用材料	禁用色系
窗	绿色玻璃窗、铝合金防盗网	 绿色玻璃  铝合金防盗网  铝合金防盗网	窗框禁止使用亮面或反光金属色、绿色、红色、黄色等鲜艳色系；玻璃禁止使用绿色系
栏杆	金属亮面材质的铝合金栏杆、反光或亮面材质不锈钢栏杆	 不锈钢栏杆  亮面铝合金栏杆	窗框禁止使用亮面或反光金属色、蓝色、绿色、红色、黄色等鲜艳色系
空调外机架	大面积颜色鲜艳的油漆喷涂、亮面铝合金	 亮面铝合金  大面积涂刷鲜艳颜色 大面积涂刷鲜艳颜色	窗框禁止使用亮面或反光金属色、蓝色、绿色、红色、黄色等鲜艳色系

肆 / 建筑风貌管控指引导则

· 管控内容与原则

· 管控策略

· 管控策略 ·

1. 建设类型

根据晋江市农房建筑现状实际情况，将晋江市农房建设分为三类：传统风貌建筑修缮、新建农房、农房改建（含裸房整治）。依据**“整体把控，局部协调”**的策略，本图集主要针对农房改建和新建农房，对农房建筑风貌进行管控引导。

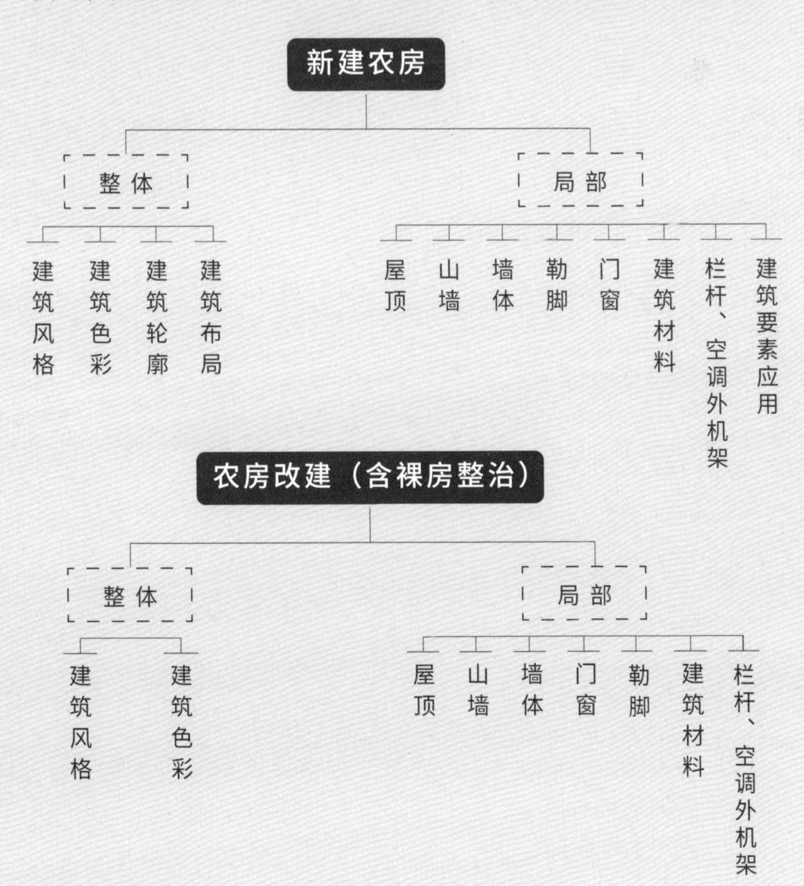

· 管控内容与原则 ·

1. 新建农房——新建农房管控引导

针对不同管控要素提出的管控内容，采用刚性控制原则与弹性控制原则相结合的形式，对新建农房进行管控引导。

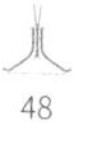

管控要素			管控内容	管控原则
新建农房	整体	建筑风格	新建农房可根据其周边建筑风格选用本图集中相似的建筑风格，使其与周边整体环境相协调，且应符合所在镇、街道对相应区域内建筑风格的要求	弹性
		建筑色彩	地域风格与新闽风格建筑色调应以砖红色系和米黄色系（石材）为主，农房外立面砖红色系应占整体建筑色彩比例 65% 以上，其他建筑细部色彩应符合本图集农房管控指引中对各建筑要素色彩的要求；当代风格建筑石材色调应以米黄色系为主，屋顶应以砖红色系为主	刚性
		建筑轮廓	建筑层数：建筑层数不超过 3 层，第 4 层楼梯间等构筑物不计入层数且建筑面积不超过占地面积的 20%。 建筑高度：建筑总高度（含坡屋顶）不得超过 15 m；其中第 1 层层高不得超过 4.2 m，其余楼层不得超过 3.3 m	刚性
		建筑布局	建筑平面布局： 1. 功能房间应设置齐全，应至少包含厅堂、起居室、卧室、厨房、餐厅、卫生间等； 2. 卫生间应设置在住宅建筑西侧或东侧，且上下层位置应尽量对应设置（不允许布置在厅堂、卧室、餐厅或厨房上方）； 3. 应保证室内空间（除楼梯间外其他功能空间）都可达到直接采光通风的条件； 4. 楼梯间梯段宽度应不小于 1 m； 5. 室内使用空间的尺寸比例应满足人体活动的尺寸要求	刚性

续表

	管控要素		管控内容	管控原则
新建农房	局部	屋顶	地域风格：建筑屋顶应为坡屋顶，坡屋顶坡度应为 28°～ 35°，起坡高度不得高于 60 cm，应尽量做屋脊及山墙脊线。 新闽风格：建筑屋顶应做山花；屋顶围护栏杆应满足上人屋面防护要求（若为葫芦栏杆时还应增设防护构件，使其满足上人屋面防护要求及架构安全要求），屋顶栏杆立柱宜做望柱修饰。 当代风格：建筑屋顶应为坡屋顶，坡屋顶坡度应为 28°～ 35°，起坡高度不得高于 60 cm	刚性
		山墙	地域风格建筑山墙宜用规垂修饰，规垂规格大小应与建筑规模相协调，避免出现“大山墙小规垂”或规垂满铺山墙的情况	弹性
		墙体	应结合开窗以及建筑形态对墙体进行设计，避免单面墙体只有墙面和门窗的情况	刚性
		勒脚	新建农房宜根据建筑立面设计设置勒脚，勒脚以及入户台阶宜做饰面处理	弹性
		门窗	门窗以简单实用为原则，应尽可能做到统一、协调，宜结合建筑立面设计设置门套、窗套，门、窗、门套、窗套选材应符合本图集农房管控指引的要求	弹性
		建筑材料	在满足建筑色彩要求的基础之上，墙身应尽量采用面砖、涂料、仿石漆； 坡屋面应采用仿传统建筑材料（如红陶瓦和亚光材质的合成树脂瓦）及工艺，禁止选择琉璃瓦、彩钢瓦等釉面、光面材料	刚性
		栏杆、空调外机架	栏杆材料色彩的选用应符合本图集农房管控指引的要求且应与建筑外观相协调，同时应满足防护及结构安全的要求； 空调外机架的色彩应与建筑外观相协调	刚性
		建筑要素应用	地域风格建筑应至少在建筑坡屋顶、墙体、材料、色彩上体现传统风貌及地域特征； 新闽风格建筑应至少在建筑山花、栏杆、墙体、材料、色彩上体现传统风貌及地域特征； 当代风格建筑应至少在建筑坡屋顶、墙体、材料、色彩上体现地域特征	刚性

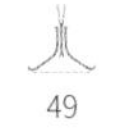

2. 农房改建 —— 农房改建（含裸房整治）管控引导

针对不同管控要素提出管控内容，并采用刚性控制原则与弹性控制原则相结合的形式，对农房改建进行管控引导。

	管控要素		管控内容	管控原则
农房改建	整体	建筑风格	改建建筑、裸房可根据原建筑的形态选用本图集中对应的建筑风格，使其与周边环境相协调，同时应符合所在镇、街道对相应区域内建筑风格的要求	弹性
		建筑色彩	地域风格与新闽风格建筑主色调为砖红色系。石材采用米黄色系，农房外立面采用砖红色系，两个色系应占整体建筑色彩比例的 65% 以上，其他建筑细部色彩应符合本图集农房管控指引对各建筑要素色彩的要求； 对于当代风格建筑色调，石材应以米黄色系为主，屋顶应以砖红色系为主	刚性

续表

	管控要素		管控内容	管控原则
农房改建	局部	屋顶	在房屋结构许可、地基承载力满足要求的前提下，实行“平改坡”，坡屋顶坡度应为28°～35°，起坡高度不得高于60 cm。改建后的屋顶形式应与村庄整体建筑风貌相协调，坡屋顶改造还应满足通风透气的要求	刚性
		山墙	当改建建筑实行“平改坡”时，山墙墙体应采用与其所在层立面材质相同的材料，严禁使用彩钢板进行围挡；采用规垂装饰时，规垂规格大小应与建筑规模相协调，避免出现“大山墙小规垂”或规垂满铺山墙的情况	弹性
		墙体	应结合开窗以及建筑形态对墙体进行设计，避免单面墙体只有墙面和门窗的情况	刚性
		勒脚	宜根据建筑立面设计设置勒脚，勒脚以及入户台阶宜做饰面处理	弹性
		门窗	裸房必须刷缝并补齐门窗。门窗应以简单实用为原则，尽可能做到统一、协调	弹性
		建筑材料	材料选择在满足建筑色彩要求的基础上，墙身应尽量采用面砖、涂料、仿石漆，坡屋面应采用仿传统建筑材料(如红陶瓦和亚光材质的合成树脂瓦)及工艺，禁止选择琉璃瓦、彩钢瓦等釉面、光面材料	刚性
		栏杆、空调外机架	在建筑整体协调的前提下，栏杆、空调外机架可采用多种不同的处理手法，栏杆应同时满足防护和结构安全的要求	弹性

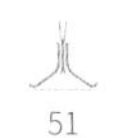

伍 / 建筑设计参考图集

· 引 言 ·

基于不同家庭人口数量，本图集提供了宅基地 80 m^2、120 m^2、150 m^2 三种户型平面，对应不同规模，满足多数人的生活需求，体现了图集的普适性。为保证图集提供选择参考的灵活性，让同一种户型平面适用于多种立面风格，三种户型平面均有地域风格、新闽风格、当代风格三种风格，作为参考指引。

· 宅基地 80 m^2 ·

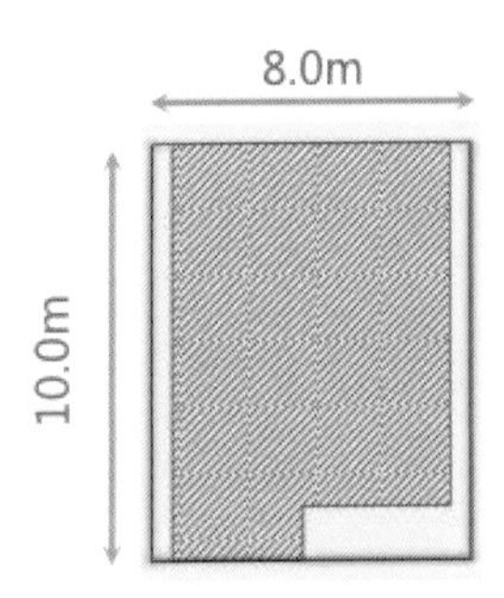

地域风格（80-A）

新闽风格（80-B）

当代风格（80-C）

宅基地面积：80 m^2
占地面积：65 m^2
总建筑面积：210 m^2

备注：红线为宅基地红线位置，为避免相邻两栋建筑之间空间过于逼仄，建筑东西两侧各退宅基地红线约 0.5m。

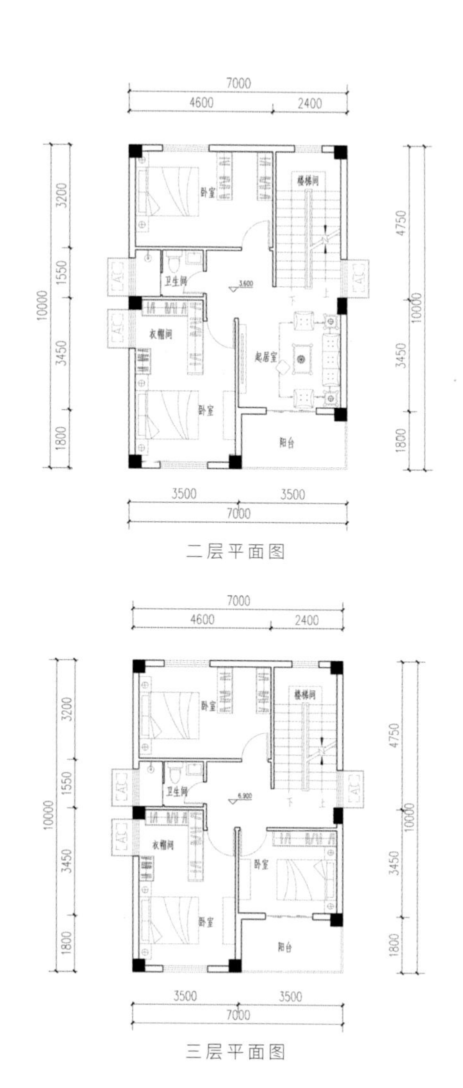

二层平面图

三层平面图

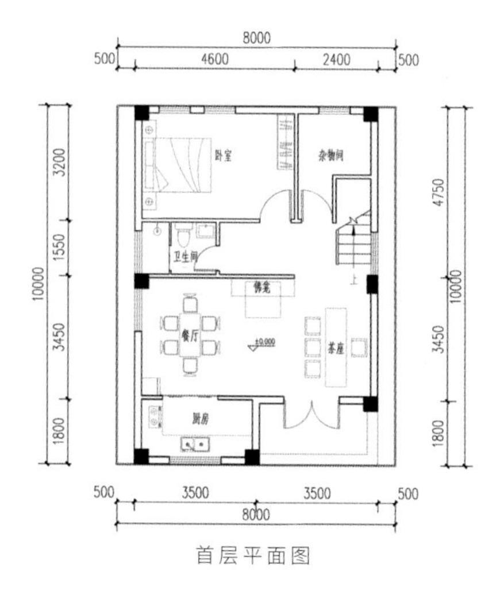

首层平面图

1. 地域风格（80-A）

正立面效果图

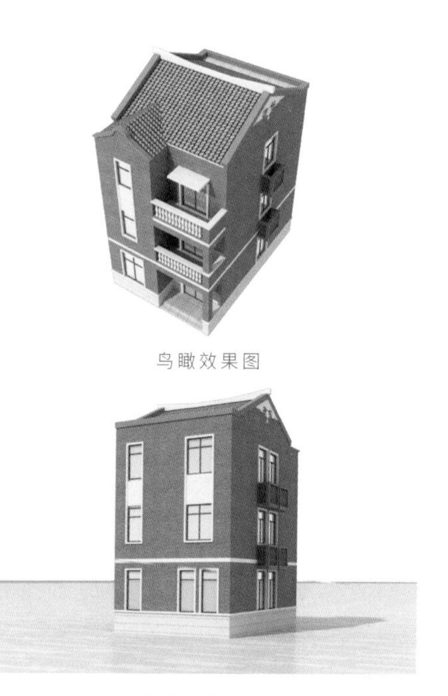

鸟瞰效果图

背立面效果图

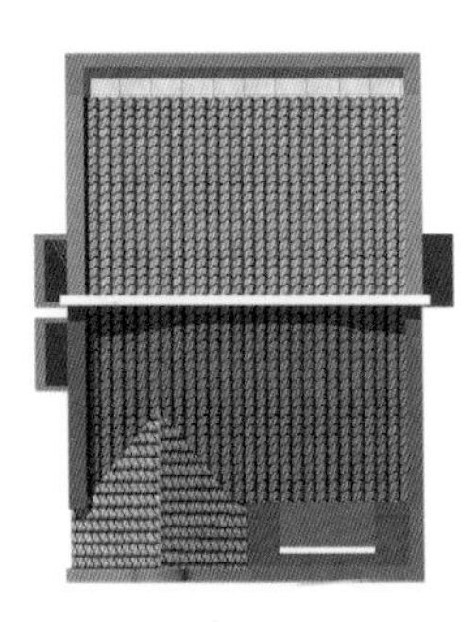

第五立面图

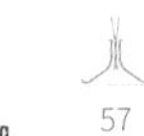

正向立面图

背向立面图

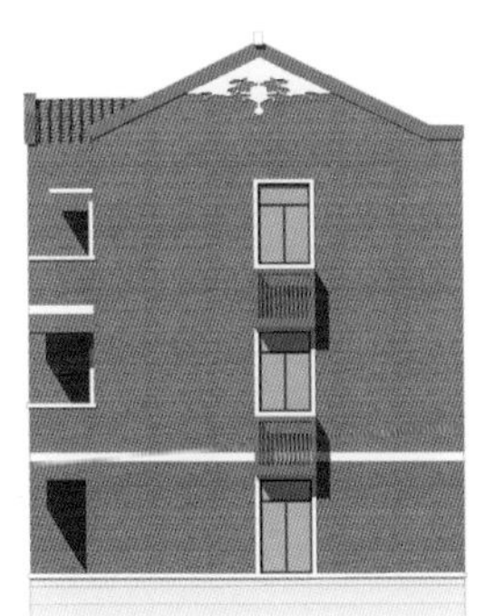

右侧立面图

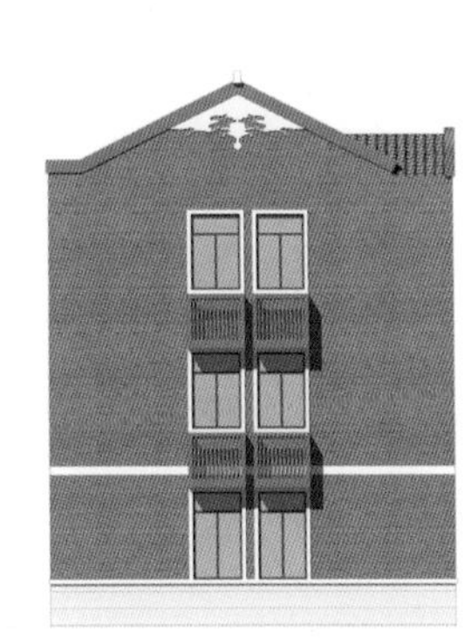

左侧立面图

2.新闽风格(80-B)

正立面效果图

乌瞰效果图

背立面效果图

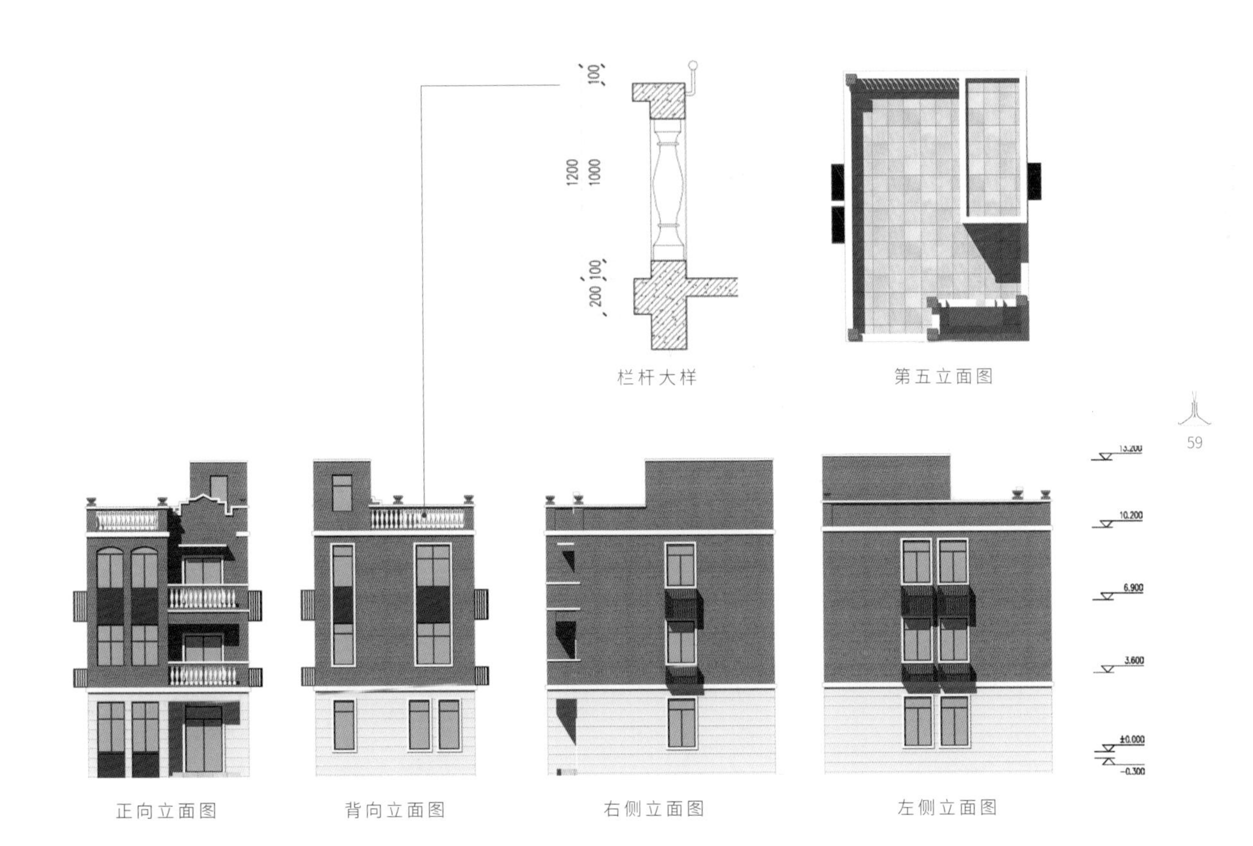

栏杆大样

第五立面图

正向立面图

背向立面图

右侧立面图

左侧立面图

3. 当代风格(80-C)

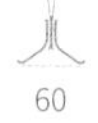

正立面效果图

鸟瞰效果图

背立面效果图

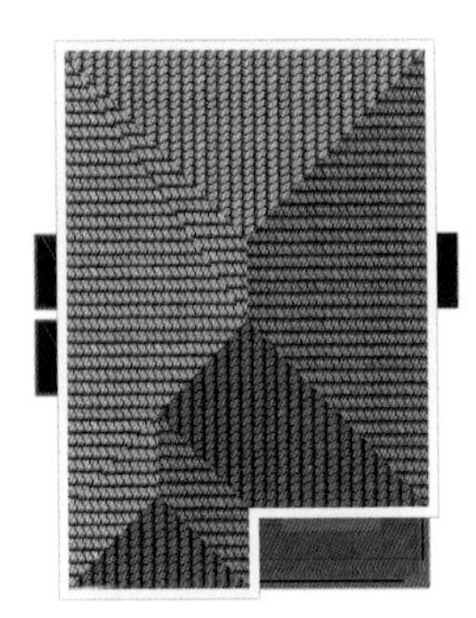

第五立面图

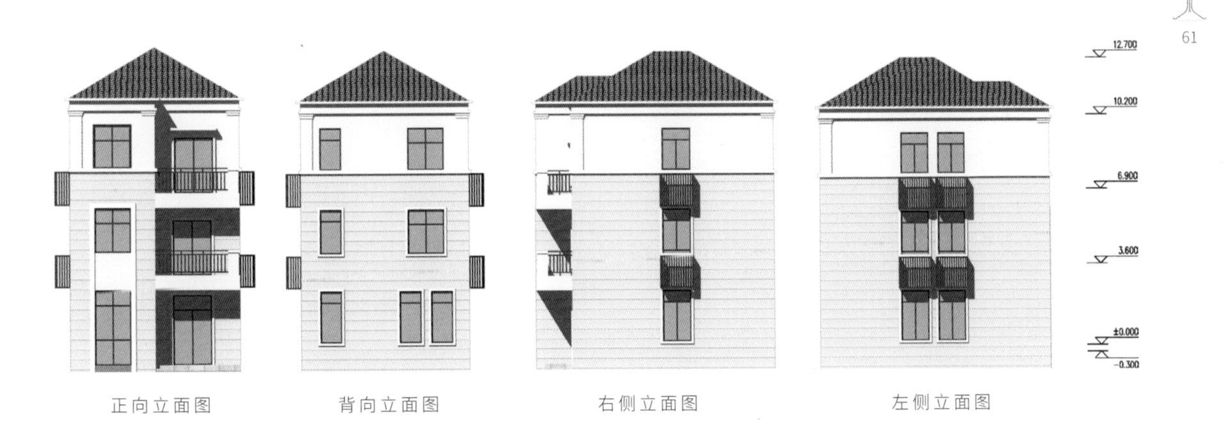

正向立面图　背向立面图　右侧立面图　左侧立面图

· 宅基地120 m² ·

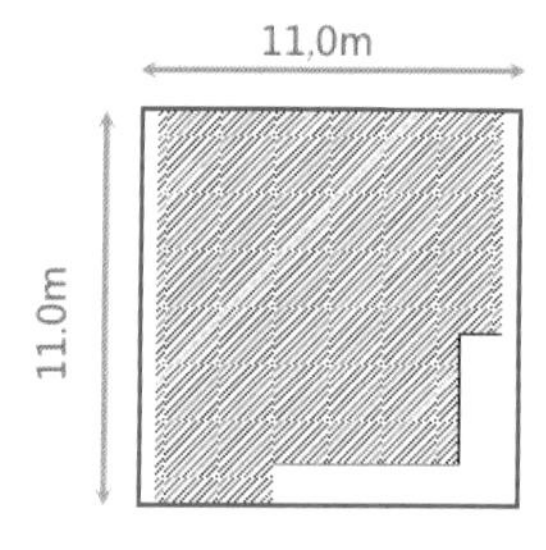

地域风格（120-A）

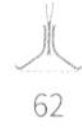

新闽风格（120-B）

当代风格（120-C）

宅基地面积： 120 m^2
占地面积： 95 m^2
总建筑面积： 270 m^2

备注：红线为宅基地红线位置，为避免相邻两栋建筑之间空间过于逼仄，建筑东西两侧各退宅基地红线约 0.5m。

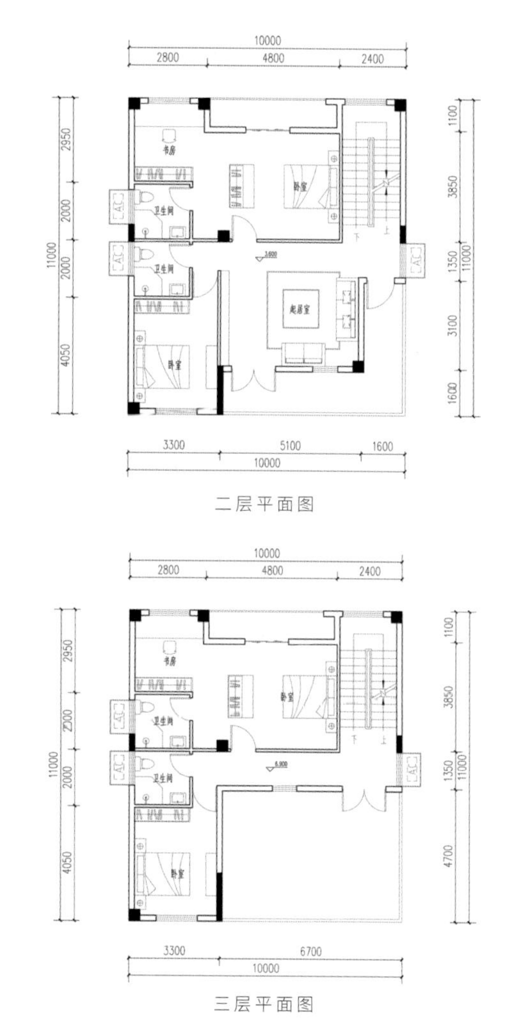

二层平面图

三层平面图

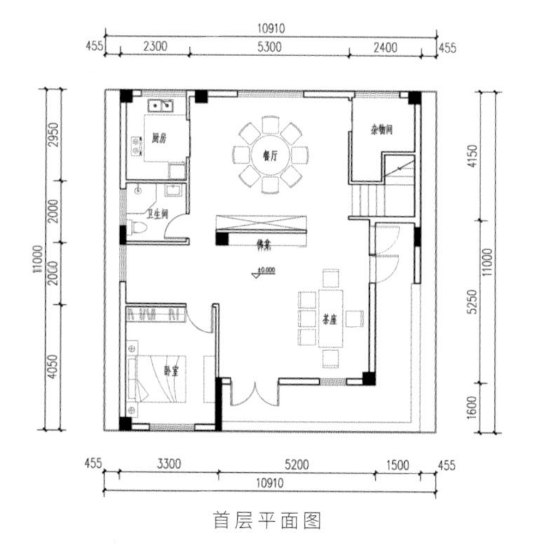

首层平面图

1. 地域风格（120-A）

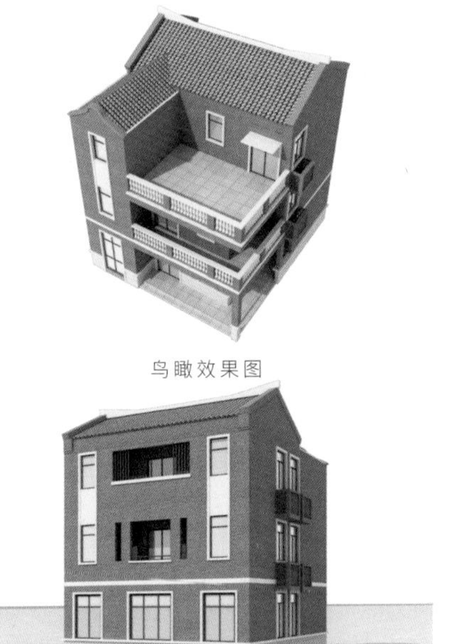

鸟瞰效果图

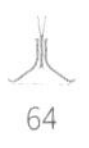

正立面效果图

背立面效果图

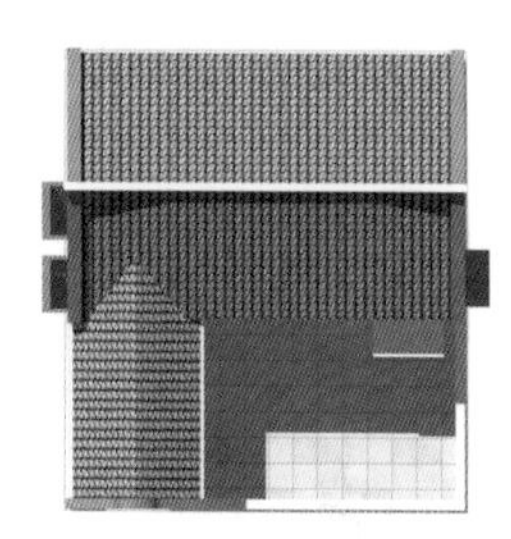

第五立面图

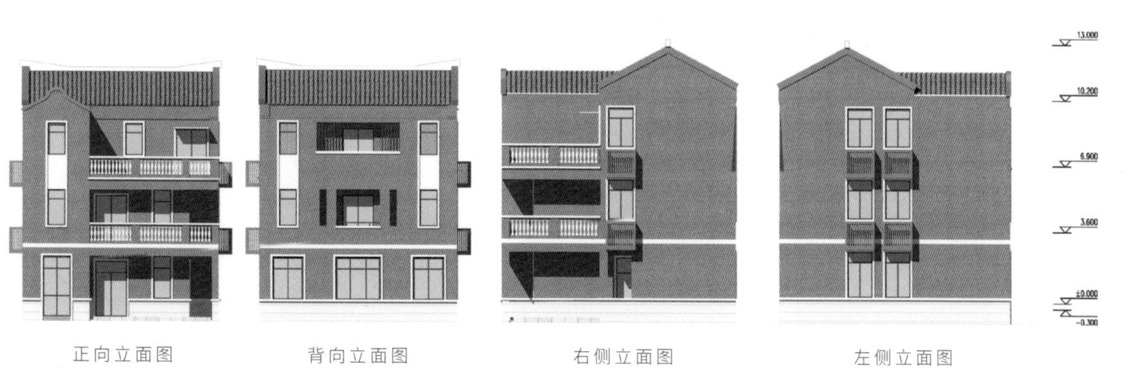

正向立面图　背向立面图　右侧立面图　左侧立面图

2. 新闽风格（120-B）

正立面效果图

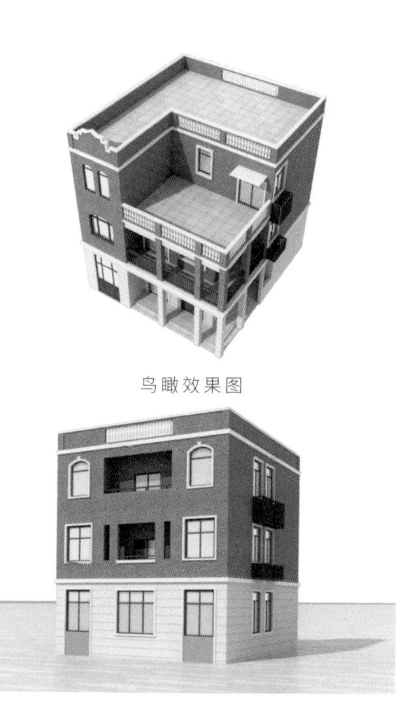

鸟瞰效果图

背立面效果图

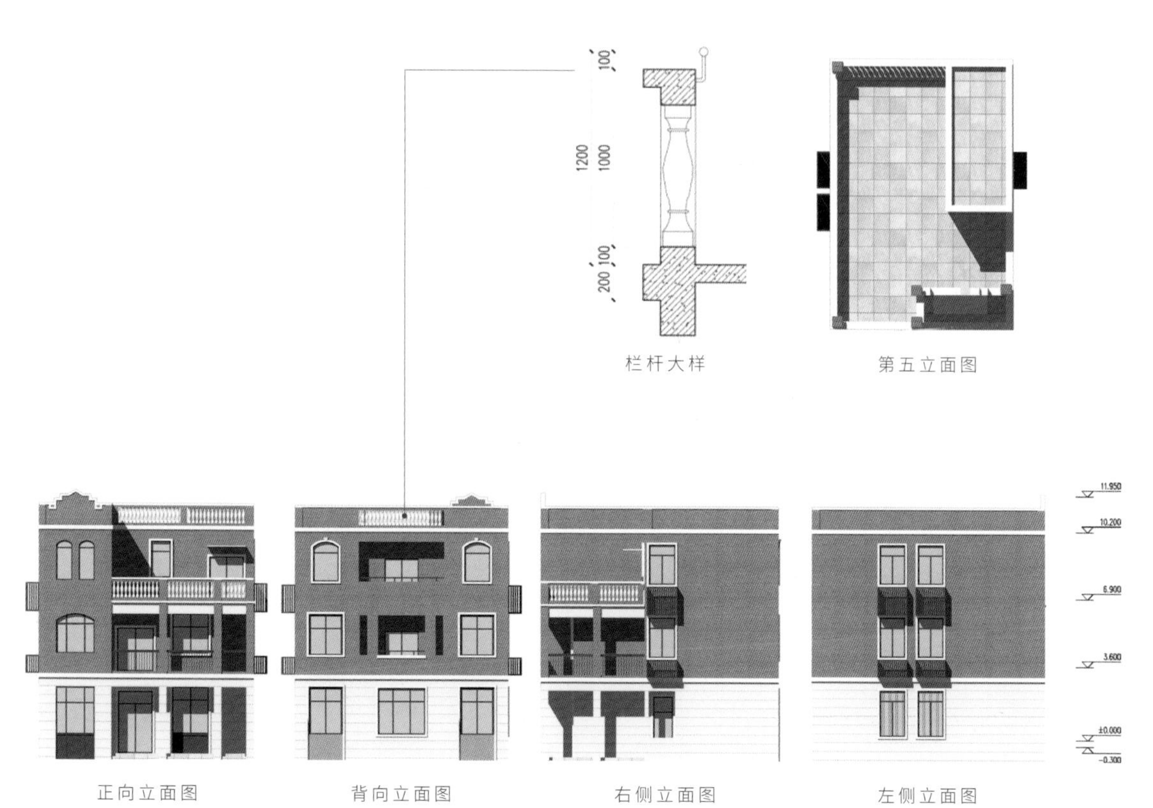

栏杆大样

第五立面图

正向立面图

背向立面图

右侧立面图

左侧立面图

3. 当代风格（120-C）

正立面效果图

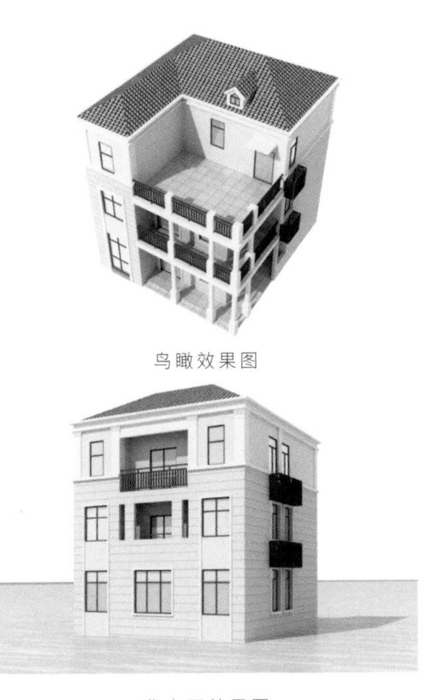

鸟瞰效果图

背立面效果图

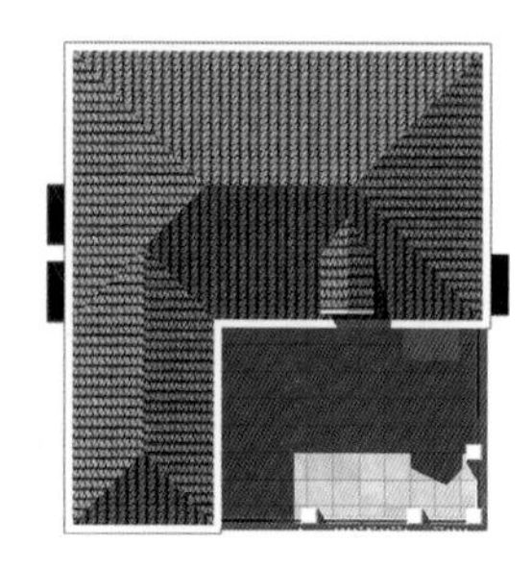

第五立面图

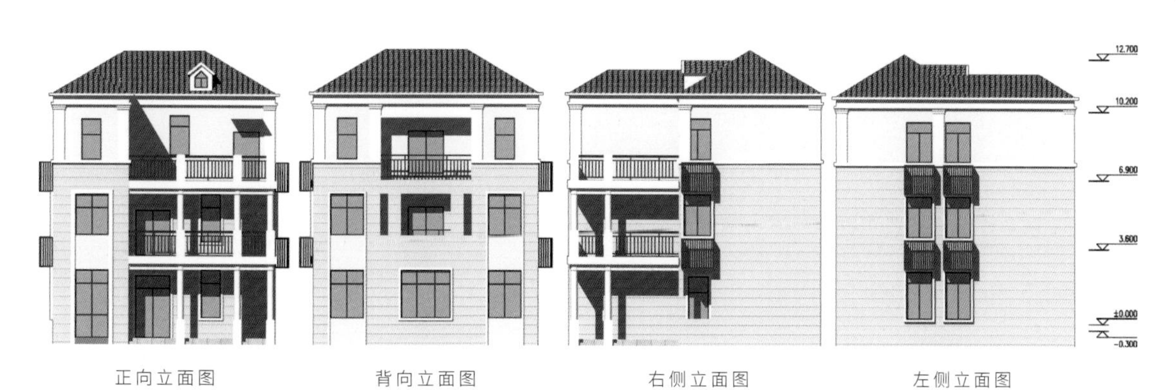

正向立面图　背向立面图　右侧立面图　左侧立面图

· 宅基地150 m^2 ·

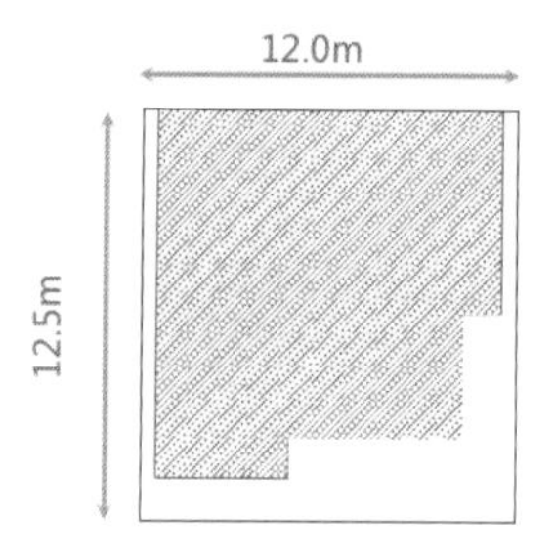

地域风格（150-A）

新闽风格（150-B）

当代风格（150-C）

宅基地面积：150 m^2
占地面积：　106 m^2
总建筑面积：318 m^2

备注：红线为宅基地红线位置，为避免相邻两栋建筑之间空间过于逼仄，建筑东西两侧各退宅基地红线约 0.5m。

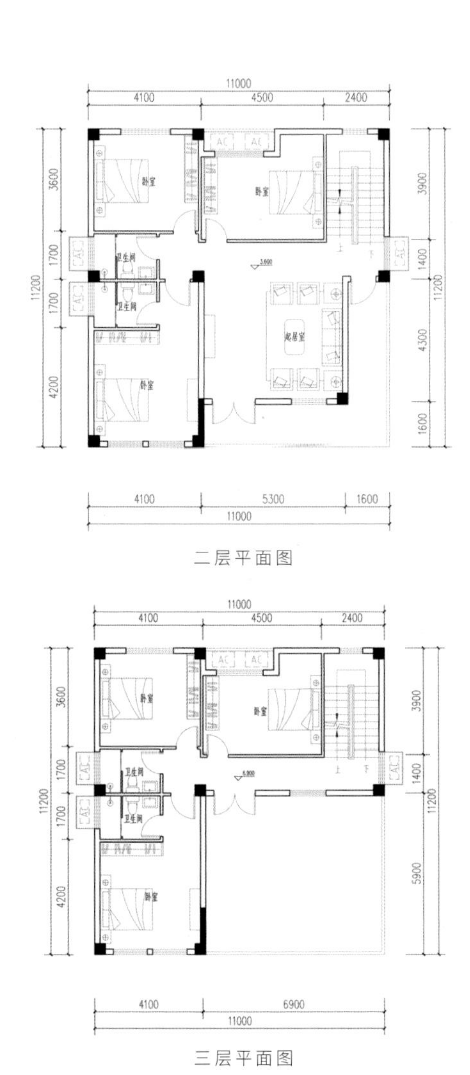

二层平面图

三层平面图

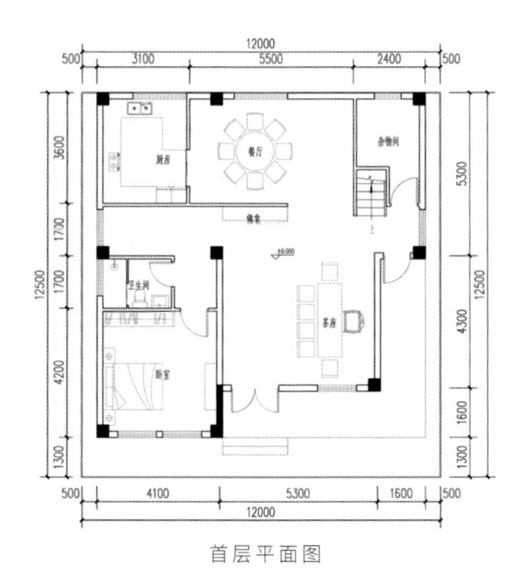

首层平面图

1. 地域风格（150-A）

正立面效果图

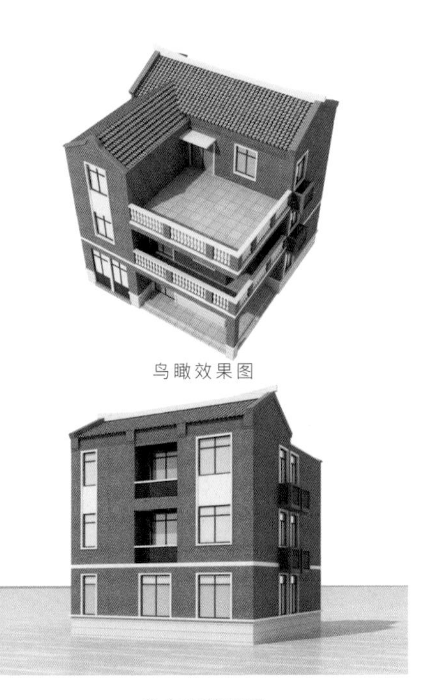

鸟瞰效果图

背立面效果图

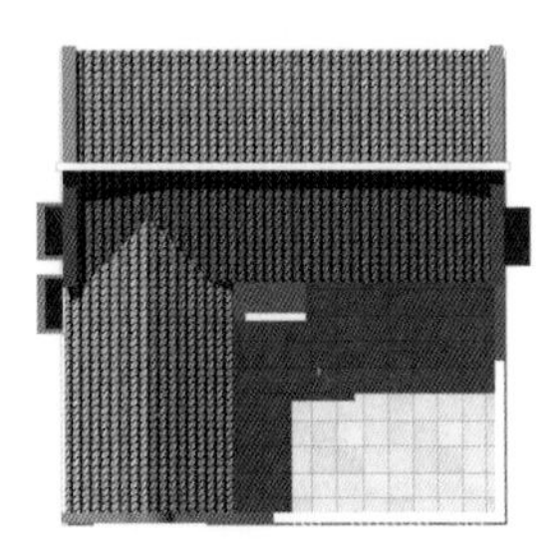

第五立面图

正向立面图　　背向立面图　　右侧立面图　　左侧立面图

2. 新闽风格(150-B)

正立面效果图

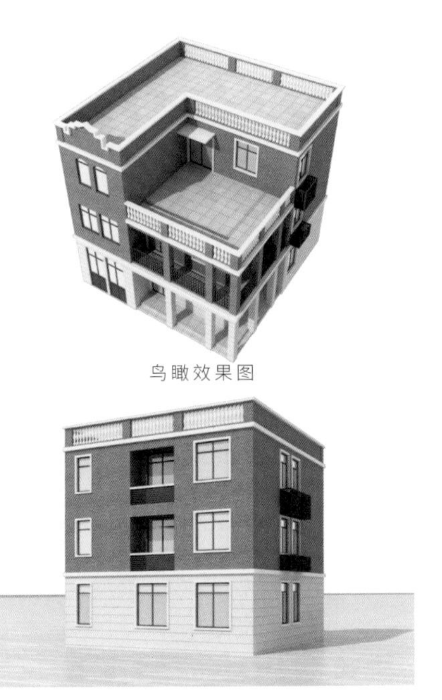

鸟瞰效果图

背立面效果图

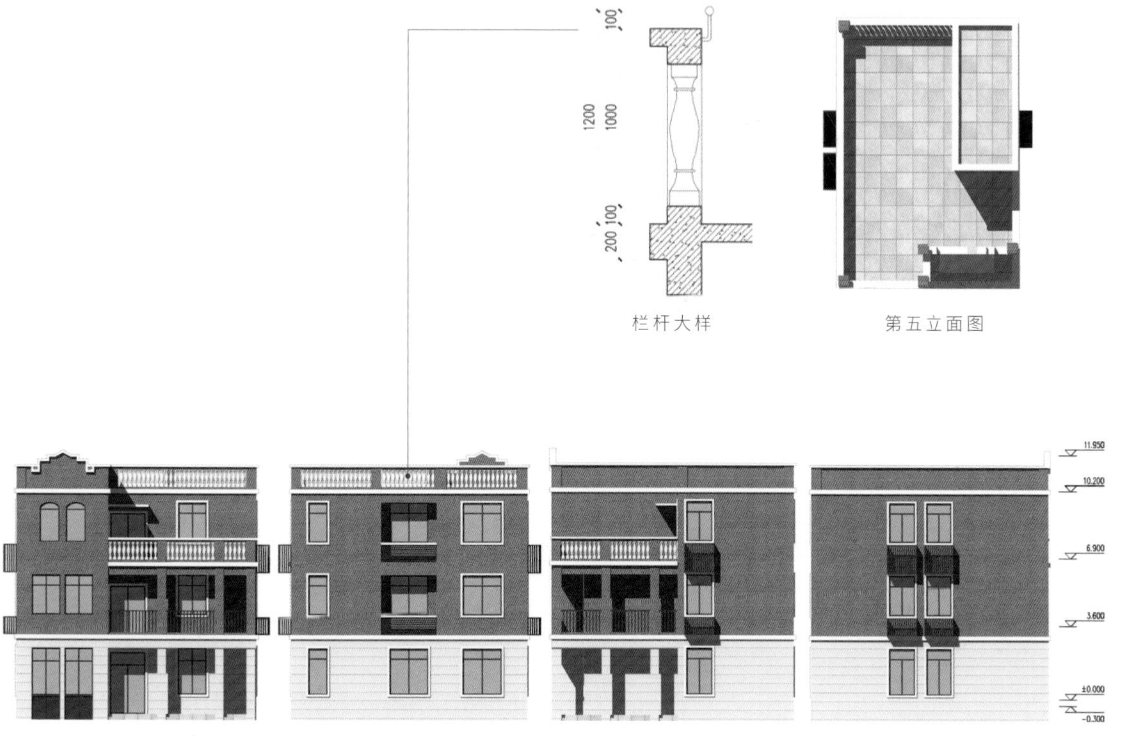

栏杆大样

第五立面图

正向立面图

背向立面图

右侧立面图

左侧立面图

3. 当代风格(150-C)

正立面效果图

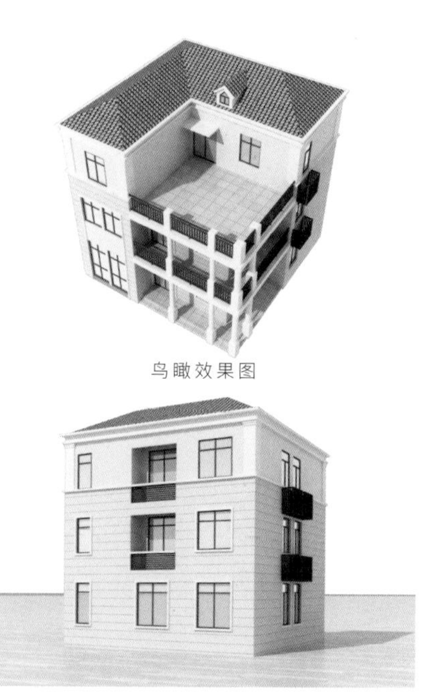

鸟瞰效果图

背立面效果图

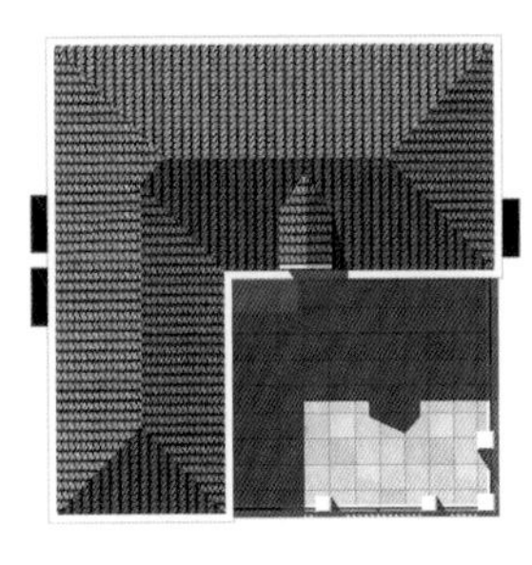

第五立面图

正向立面图　背向立面图　右侧立面图　左侧立面图

图书在版编目（C I P）数据

晋江市村镇住宅建设通用图集 / 李越，柯俊杰，柯远鹏编著. -- 天津 : 天津大学出版社，2022.6

ISBN 978-7-5618-7204-8

Ⅰ. ①晋… Ⅱ. ①李… ②柯… ③柯… Ⅲ. ①农村住宅－住宅建设－晋江市－图集 Ⅳ. ①TU241.4-64

中国版本图书馆CIP数据核字（2022）第095709号

Jinjiang Shi Cunzhen Zhuzhai Jianshe Tongyong Tuji

图书策划　天津天大乙未文化传播有限公司

出版发行　天津大学出版社
地　　址　天津市卫津路92号天津大学内（邮编：300072）
电　　话　发行部022-27403647
网　　址　www.tjupress.com.cn
印　　刷　廊坊市瑞德印刷有限公司
经　　销　全国各地新华书店
开　　本　180mm×180mm
印　　张　4
字　　数　50千
版　　次　2022年6月第1版
印　　次　2022年6月第1次
定　　价　58.00元